O dia em que eu falei com as bactérias

Catalogação na Fonte
Elaborado por: Josefina A. S. Guedes
Bibliotecária CRB 9/870

C172d 2025

Camargo, Ilana Lopes Baratella da Cunha
O dia em que eu falei com as bactérias / Ilana Lopes Baratella da Cunha Camargo. – 1. ed. – Curitiba: Appris, 2025.
46 p. : il. color. ; 14,8 cm.

ISBN 978-65-250-7669-0

1. Literatura infanto-juvenil. 2. Bactérias. 3. Antibióticos. 4. Higiene. I. Título.

CDD – 028.5

Editora e Livraria Appris Ltda.
Av. Manoel Ribas, 2265 – Mercês
Curitiba/PR – CEP: 80810-002
Tel. (41) 3156 - 4731
www.editoraappris.com.br

Printed in Brazil
Impresso no Brasil

Ilana Camargo

O dia em que eu falei com as bactérias

artêrinha
Curitiba, PR
2025

ESTE LIVRO JÁ É MEU!
ASSINADO:

*Dedico este livro aos meus filhos, Murilo e Valentin,
e a todas as crianças que um dia já duvidaram da
existência das bactérias!*

AGRADECIMENTOS

Agradeço à minha família, que sempre me incentivou a mostrar para o mundo minhas ideias malucas. Em especial, à minha mãe, que ouviu esta história e ficou me perguntando durante um tempão se eu não ia publicar!

Ao meu marido, Fúlvio, e aos meus filhos, Murilo e Valentin, pelas opiniões durante a elaboração dos desenhos e da história (sim, me criticaram e ajudaram bastante!).

Ao meu pai, Sergio da Cunha Camargo (*in memoriam*), que me ensinou desde pequena o que eram microrganismos.

À Universidade de São Paulo, em especial, ao Instituto de Física de São Carlos, que me acolheu desde 2009 como professora na área de microbiologia.

À equipe do LEMiMo e aos colaboradores que sempre me ajudam em descobertas incríveis na área de microbiologia; muitas delas viram inspirações para minhas histórias.

A todas as crianças que têm dúvidas quanto à existência dos microrganismos e que me impulsionam a escrever mais sobre o assunto de uma maneira lúdica.

SUMÁRIO

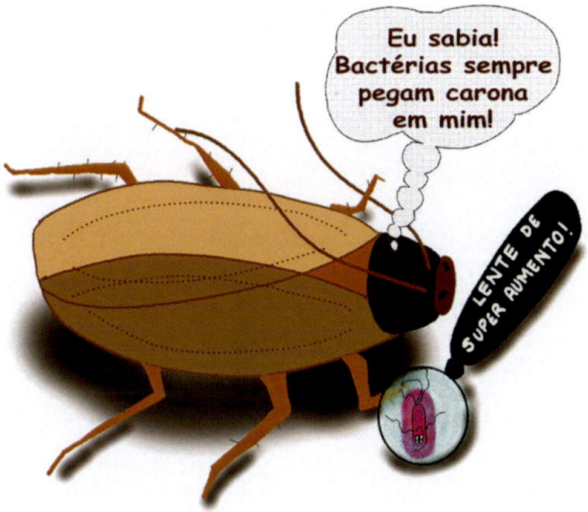

Eu sabia! Bactérias sempre pegam carona em mim!
LENTE DE SUPER AUMENTO!

Capítulo 1
MEU DIA

Como faço todas as manhãs, eu acordo e digo: "Bom dia!". Ninguém me responde...

Eu sou filha única. Minha mãe sempre fala que nós temos muitas bactérias no nosso corpo e que elas também estão no ambiente ao nosso redor e, por isso, nunca estamos completamente sozinhos! O problema é que eu sempre sou educada e falo "bom dia", mas as tais bactérias nunca me respondem. Será que isso é verdade mesmo? Ou será que eu devo duvidar da minha própria mãe?

Minha mãe é farmacêutica-bioquímica e resolveu estudar microbiologia. Sim, mi-cro-bi-o-lo-gi-a, que é a ciência que estuda os microrganismos como bactérias, fungos, parasitas, microalgas e vírus. Esses são organismos vivos muito pequenos, minúsculos, que só podemos ver usando um equipamento que os amplia, chamado microscópio. Mamãe estuda bactérias. Em especial, ela estuda aquelas bactérias que causam uma infecção, ou seja, uma doença, e não morrem quando tomamos os remédios chamados de antibióticos. Parece assustador... Minha mãe fala que quando as bactérias são resistentes a muitos antibióticos, o cenário realmente é aterrorizante. Por isso, ela tenta descobrir como as bactérias ficam resistentes aos antibióticos e também pesquisa novos remédios que possam combatê-las. Mamãe tem medo de eu me contaminar, ou seja, levar bactérias grudadas em meu corpo, e esse é o motivo de eu não poder visitá-la no seu laboratório de pesquisa. Devido à contaminação é que ela tem que se vestir diferentemente dos demais papais e mamães na hora de trabalhar lá dentro do laboratório. Calma, não é que ela sai de casa com roupas mirabolantes! Ela se veste normalmente, mas tem que ser sempre calça comprida, sapato fechado e cabelos presos (Ah! Ela tem um cabelo lisinho lindo, mas tem que prendê-lo!). Sempre que ela tem que entrar no laboratório, ela ainda veste um jaleco por cima da roupa e coloca luvas! As luvas podem ser beges, roxas, azuis ou rosas! As luvas rosas são lindas! Ela sempre compra rosa porque tem uma aluna com mão pequena que adora rosa! Mamãe fala que todo esse cuidado é por biossegurança, para não se contaminar e para não trazer nenhuma bactéria de lá de dentro do laboratório para nossa casa; bactérias poderiam vir grudadas nas mãos, embaixo das unhas, ou grudadas nas roupas. Nossa, eu fico pensando: será que essas bactérias voam? Minha mãe diz que não, mas elas podem ser levadas pelas poeiras, pequenas gotinhas (por exemplo, as gotinhas dos espirros) e pelas mãos, se a gente encostar nossas mãos nas bactérias. Eu acho que eu nunca encostei em uma bactéria, mas todas as vezes que falo isso, minha mãe dá risada... Será?

LEMIMO

Vou para o banheiro, escovo os dentes, faço minhas necessidades para ir aliviada para a escola. Em seguida, coloco meu uniforme e vou tomar café da manhã. Lá está minha mãe... Ela sempre me pergunta se eu lavei as mãos. Chega a ser irritante!

"Sim, sim, sim! Lavei feito cientista!" respondo todas as vezes, mesmo que não tenha caprichado tanto! Aliás, será que é preciso mesmo lavar as mãos? Nunca vejo nada nas minhas mãos. Às vezes, acho que os óculos da minha mãe dão superpoderes para ela e ela vê essas bactérias! Não é possível!

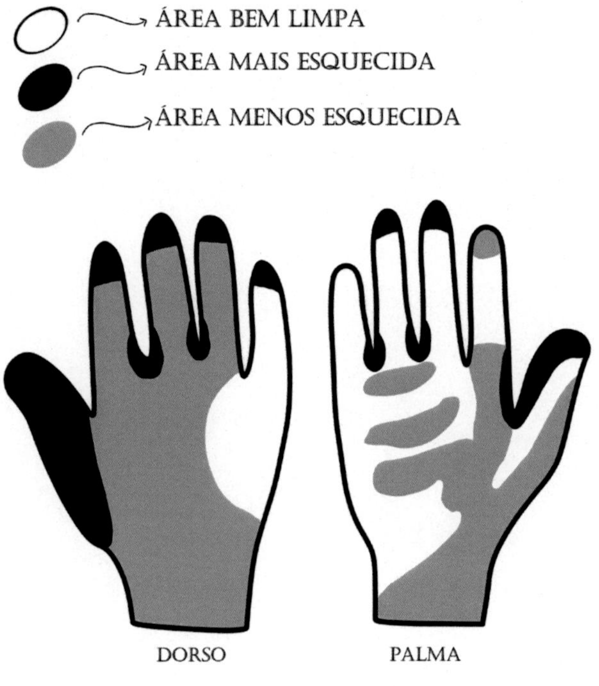

Segundo minha mãe, não basta lavar as mãos rapidinho, assim, só com água. Temos que lavar com água e sabão e não podemos esquecer de esfregar nenhum cantinho. Mamãe me mostrou um desenho com as partes das mãos que sempre ficam sujas quando se lava de qualquer jeito. Faz total sentindo... Um dia, eu vou levar para meus amigos da escola verem isso. O dedão, as pontas e vãos entre os dedos, na maioria das vezes, são deixados de lado. Nunca mais esqueci de dar atenção para essas partes durante a lavagem das mãos.

Ela também me deu um cartaz preparado pela Agência Nacional de Vigilância Sanitária (Anvisa) que mostra como lavar as mãos da maneira correta. Não é difícil. Primeiro, você molha um pouco as suas mãos com a água, depois pega um pouco de sabonete, que seja suficiente para espalhar pelas mãos, e começa a esfregar as palmas, uma na outra. Logo depois, se coloca a palma de uma mão sobre as "costas" da outra mão e esfrega. Inverte-se as mãos e repete o movimento. Em seguida, afasta-se os dedos e deixa os dedos de uma mão passarem ao lado dos dedos da outra mão. Assim, se lava os cantinhos entre os dedos. Agora, tem uma parte em que a gente deve fazer uma conchinha com as mãos e os dedos de uma mão seguram os dedos da outra mão. Dessa forma, a palma de uma mão esfrega as "costas" dos dedos da outra mão, como mostra a parte 5 do cartaz. Não se pode esquecer do dedão! Por isso, uma mão tem que pegar e esfregar o dedão da outra mão e depois trocar. Nós devemos esfregar as unhas e as pontas dos dedos de uma mão na palma da outra. Não esqueça de fazer o mesmo com a outra mão! Assim, temos certeza de que teremos todos os dedos lavados em todas as direções. Por último, precisamos esfregar o punho para, então, termos lavado as mãos inteiras da ponta dos dedos até quase o braço! Pronto, é assim que os cientistas lavam as mãos. Minha mãe fala que médicos e outros profissionais da saúde também lavam as mãos assim.

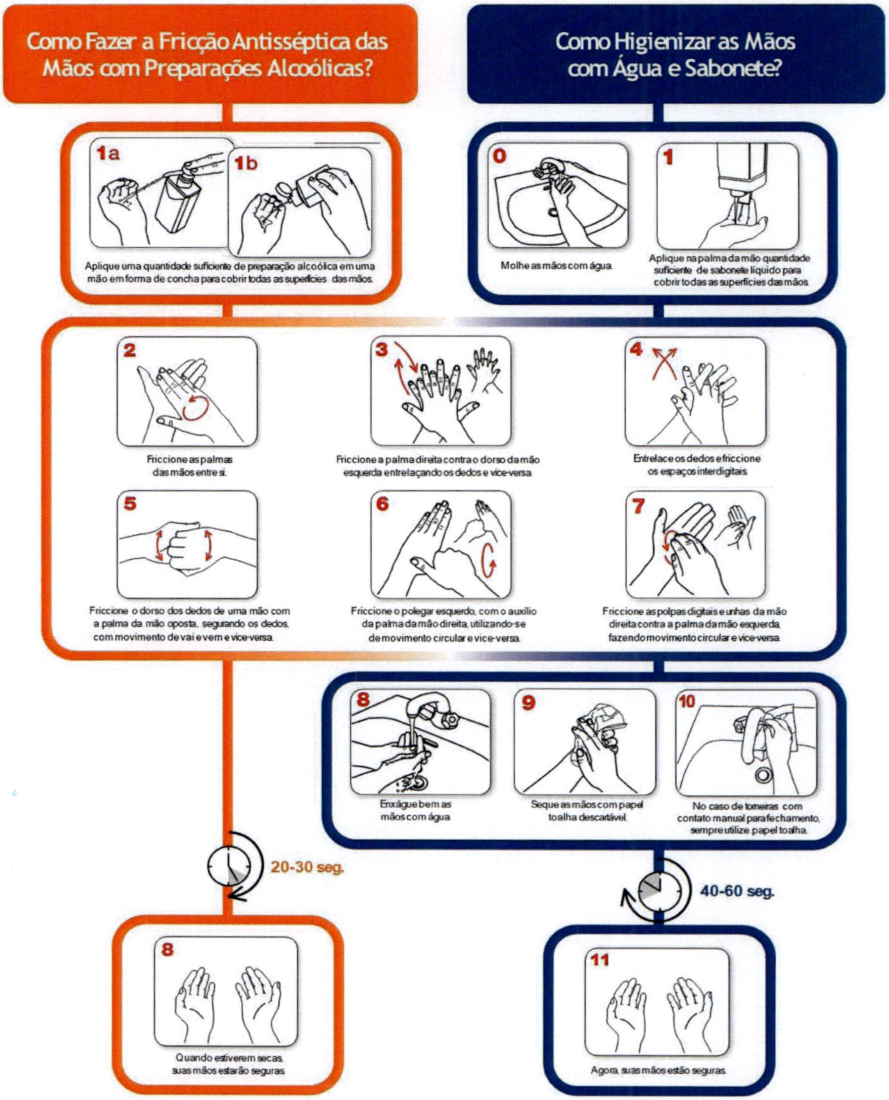

Fonte: figura cedida pela Gerência Geral de Tecnologia em Serviços de Saúde - GGTES da Agência Nacional de Vigilância Sanitária - Anvisa

Quando estamos fora de casa, minha mãe sempre aparece com um frasco de álcool em gel a 70%. Mamãe deve ter uma minifábrica disso na bolsa dela! Se a gente vai para supermercado ou lojas e fica tocando em várias coisas, por exemplo, ao retornar para o carro, ela saca um frasquinho de álcool em gel como se fosse a arma mais potente do universo e já sai distribuindo-o nas nossas mãos. Os movimentos para passar álcool em gel nas mãos são os mesmos da lavagem das mãos, mas não precisa enxaguar no final.

Na escola, quando as mãos ficam bem sujas, a gente deve lavar com água e sabão e, depois, enxaguar e secar as mãos na toalha. Falando em escola, estou atrasada para a aula! Tenho aula sempre no período da manhã, logo cedinho! Eu acordo às seis horas da manhã!

A parte que eu mais gosto na escola é o horário do parque e do lanche! No horário do parque, gostamos de brincar de pega-pega, fazer estrela e dar cambalhotas. Minhas amigas e eu sempre brincamos de pular amarelinha, mas antes a gente tem que achar uma pedra que seja apropriada e reta de um lado para jogar nos quadradinhos da amarelinha e ela não sair rolando.

Muitas vezes, perdemos horas no jardim em busca da pedra ideal. Já até cheguei a guardar uma pedra boa no meu bolso para jogar amarelinha no dia seguinte. Porém, minha mãe não sabia e jogou a pedra fora falando que não era para guardar coisas sujas no meu bolso. Ah! Não é justo perder a hora do parque procurando uma boa pedra no jardim...

Depois da brincadeira, eu me sento com minhas melhores amigas para lanchar antes de voltar para a aula. A gente sempre leva coisas gostosas para comer! Tomamos um leitinho fermentado delicioso e brincamos de fazer bigode branco com ele! Minha mãe também envia um lanchinho de presunto e muçarela embrulhado em papel alumínio que é uma delícia! Só que tenho que avisá-la que dá um trabalho danado para abrir o embrulho. Em outro dia, meu lanche caiu no chão e eu não ia comer. Minhas amigas riram e falaram que, se o lanche ficar menos que cinco segundos no chão, ainda podemos comer. Quando perguntei para minha mãe se isso era verdade, ela quase morreu do coração! Disse que não é verdade e que se cair uma fruta ou um garfo no chão, a gente até pode lavar e depois comer a fruta ou usar o garfo. Porém, um lanche não dá para lavar e, se cair no chão, pode trazer bactérias do mal ou outros microrganismos para nossa barriga. Ela me disse para tomar muito cuidado. Contei isso para minhas amigas e elas ficaram espantadas!

Pronto, eu fiquei aqui falando do meu dia e nem vi a hora passar! Depois da aula, eu volto para casa, onde almoço, faço minhas lições, brinco com bonecas e videogame, e... nossa, que sono. Agora que estou em casa, não estou conseguindo ficar de olhos abertos... Estou muito cansada! Acho que hoje eu vou dormir sem tomar banho... Sem escovar os dentes... Minha mãe não pode nem imaginar uma coisa dessas... Meus olhos estão fechannnn...

Capítulo 2

UMA CONVERSA INESPERADA COM BACTÉRIAS

— Boa noite!

— Bons sonhos!

— Tchau!

— Durma bem!

— Ela vai se dar mal!

Eu arregalei os meus olhos e, assustada, perguntei:

— Quem está aqui no meu quarto?

— Ah! Finalmente!

— Ela nos ouviu!

— Milagres acontecem!

Por alguns minutos, eu achei que havia fantasma no meu quarto! Só que eu comecei a ouvir risos pela cara de assustada que eu fiz. Sabe de uma coisa? Ninguém. Ninguém. Ninguém dá risada de mim assim, tão fácil! Me encho de coragem e pulo da cama. Pergunto com voz de criança brava e corajosa:

— Quem você pensa que é?

— Calma! Nem parece que escutou falar sobre nós durante sua vida inteira!

— Somos nós, as bactérias!

Esfrego meus olhos e, de repente, começo a vê-las como se eu estivesse usando as lentes de aumento de um microscópio muito potente no lugar dos meus olhos. Lá estão elas... Milhões de vezes aumentadas e espalhadas na minha cama e por todos os lugares do meu quarto, olhando para mim! Seria um pesadelo?

— Não pode ser, eu não deveria estar vendo vocês assim, muito menos conversando com vocês.

— Ai, menina! Você também não deveria ter feito um monte de coisas e fez. Inclusive, você estava prestes a passar a noite neste lençol macio e rosa sem tomar banho!

— Então, me provem que são bactérias!

— Tudo bem! Veja: sou um ser unicelular. Meu corpo todo é uma única célula. Tenho membrana citoplasmática, parede celular, ribossomo, RNA, meu DNA fica livre na minha célula, pois não tenho núcleo. Não tenho organelas membranosas. Sou um procarioto. Coisas que, quando você crescer mais um pouco, vai aprender na escola e se lembrar desse dia!

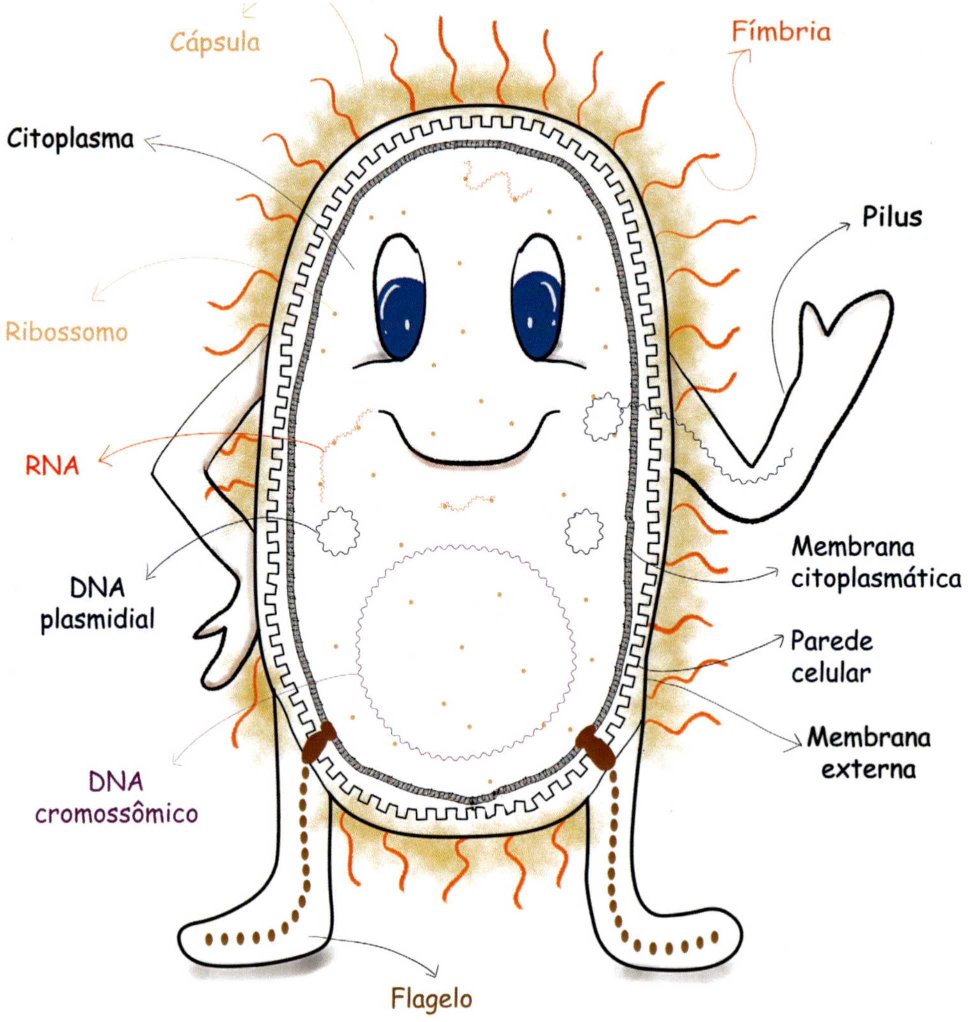
Cápsula
Fímbria
Citoplasma
Pilus
Ribossomo
RNA
Membrana citoplasmática
DNA plasmidial
Parede celular
Membrana externa
DNA cromossômico
Flagelo

— Gente, mas eu só posso estar delirando. Minha mãe adora falar sobre bactérias... Eu já sei várias coisas. Me responde aí, então, se forem mesmo bactérias: como a maioria das bactérias se multiplica?

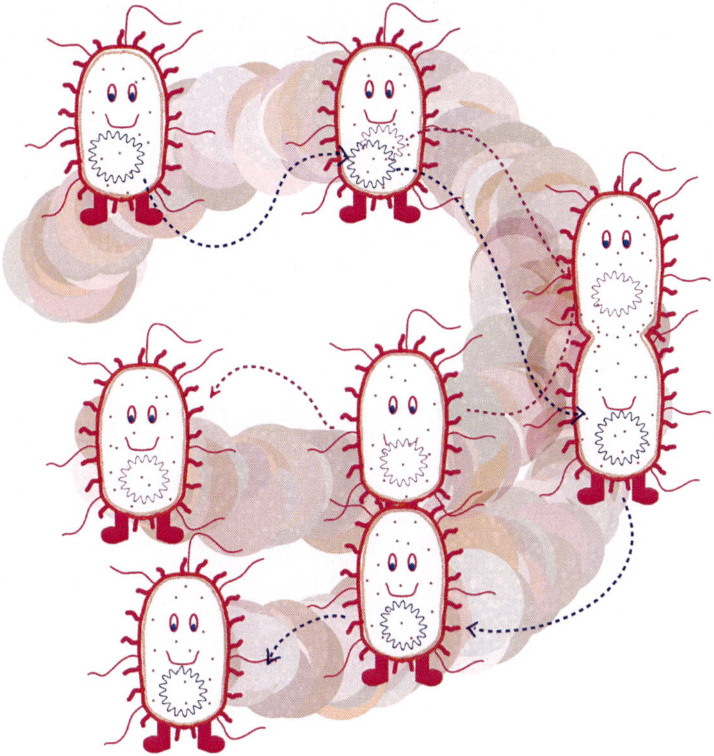

— Garota, a maioria das bactérias se divide por fissão binária. A célula da bactéria-mãe forma duas bactérias-filhas iguaizinhas a ela. Assim, olha... — e de repente, aquela bactéria rosa se divide na minha frente, como mágica!

Seu DNA cromossômico, que é o material genético, se duplica. A bactéria se alonga e começa a se dividir, formando duas bactérias iguais.

Esfrego meus olhos incrédula do que eu havia visto! Sim, são bactérias. Eu me sinto gelada, como se tivesse saído da geladeira mesmo. Me deu um arrepio na espinha. Seria verdade, então? Tento soltar um grito, mas minha voz não sai... Eu olho ao meu redor e vejo várias bactérias, de cores e formatos diferentes. Todas estão olhando para mim...

Capítulo 3
BACTÉRIAS DO BEM E DO MAL

— Menina do céu! Se acalme! Muito prazer! Nós somos os *Staphylococcus aureus* — disse um grupo de bactérias redondinhas agrupadas como um cacho de uva, lindas e amarelas reluzentes feito ouro. Uma delas pede licença para conversar comigo e dispara a falar.

— Eu sou uma bactéria que pode morar dentro do nariz, na pele ou intestino das pessoas. Às vezes, eu não gosto de morar naquele nariz e fico só um pouco, de passagem. Às vezes, eu gosto do nariz e fico para sempre. Em geral, posso ficar no nariz por anos fingindo ser "do bem", apenas colonizando, ou seja, morando ali tranquilamente sem causar doença nenhuma. Porém, é só ter uma oportunidade que mostro minha verdadeira "faceta do mal": posso causar infecções na pele, nas feridas e mergulhar no seu sangue para depois causar infecção no coração, no pulmão.

Mas acalme-se! Eu vim do nariz da sua melhor amiga quando ela o cutucou com seu dedinho fino e comprido. Não vou nem citar o nome dela para você não ficar decepcionada. Nojento para quem vê aquela meleca toda, mas lá no nariz, eu me sinto em casa. Pena que ela cutucou o nariz e, depois, deu a mão para você. Em seguida, você passou a mão na blusa da escola e cá estou. Estas outras bactérias aqui na sua cama, eu conheci ao longo do dia... Cada uma delas veio de um local diferente. Como você foi ao banheiro, brincou no chão, não lavou as mãos e agora ia dormir sem tomar banho, a gente se aconchegou aqui na sua cama. Nós ficamos conversando tanto que agora somos amigas e fazemos planos para nos espalharmos pela sua casa, família, amigos, cachorro...

— Calma lá! Falem baixo! Vocês são bactérias do mal! — me lembro que minha mãe sempre fala que tem bactéria que é do bem e que ajuda a nos mantermos saudáveis, mas tem as do mal, chamadas de patógenos, que nos causam doenças — Minha mãe nem sonha que eu ia dormir sem tomar banho! Eu não quero magoá-la! Falem baixo, por favor!

— Com licença! — diz um outro grupo de bactérias alongadas — Somos *Lactobacillus casei*, mais conhecidos como os lactobacilos vivos. Sim, somos vivos, vivíssimos, desenvolvidos no Japão para cumprir uma missão no trato digestório das pessoas. Como já está imaginando, viemos do leite que nós fermentamos e que você tomou hoje cedo. Somos bactérias "do bem", como você definiu. O correto era estarmos com nossos irmãos dentro da sua barriga neste momento. Lá, nós poderíamos ajudar a regular o trânsito do seu intestino e garantiríamos a sua ida ao banheiro todos os dias, por exemplo. Nós auxiliamos a propagação de bactérias benéficas ao equilíbrio gastrointestinal e melhoramos a resposta imunológica, que é a defesa que o seu corpo realiza ao encontrar com uma bactéria do mal, por exemplo. No entanto, nós ficamos grudados no seu "bigodinho branco" e, como você limpou sua boca com as costas da sua mão, ficamos nela e passamos o dia vendo suas atividades, amigos e professores da escola.

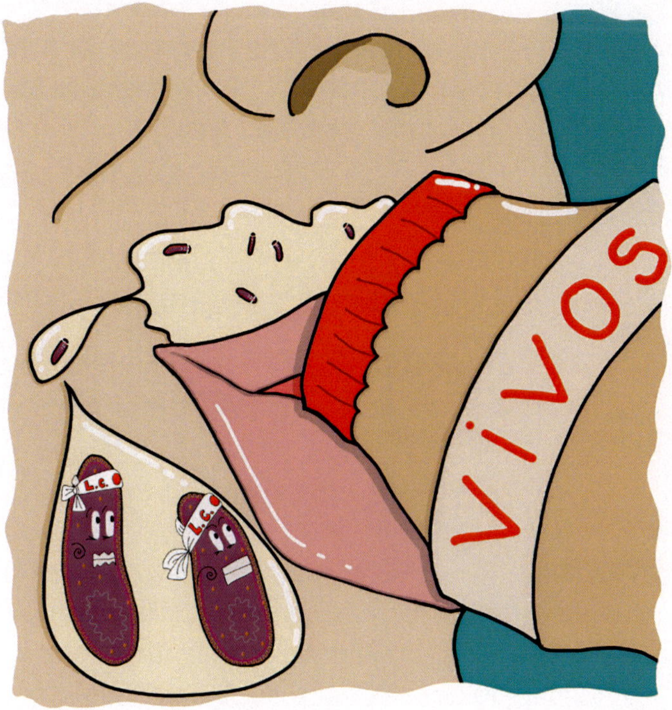

— Você é uma boa aluna, diga-se de passagem, mas precisa estudar ciências! — complementa um outro *Lactobacillus casei* — Não sabe a importância de se lavar as mãos de vez em quando? Vocês, humanos, devem lavar as mãos antes das refeições, quando chegarem em casa, ou depois de brincarem no chão! Você nos atrapalhou muito! Nós tínhamos uma missão muito importante a fazer na sua barriga. Fomos preparados e cultivados em um laboratório secreto para essa missão. Durante o nosso processo de criação, desde o nosso desenvolvimento em um laboratório de pesquisa, da seleção de nossa melhor linhagem para esta nobre missão, até o processo de fermentação do leite seguido da embalagem na fábrica... tudo foi feito com muito cuidado para garantir que nós ficássemos vivos e fortes para ajudar pessoas como você. Poxa vida! Então, veio você e ficou brincando de fazer "bigodinho" com o pote do leitinho? Você nos tirou do nosso propósito de vida, sabia? Nos entristeceu demais termos nossa missão interrompida e sermos impedidos de realizar a mais nobre tarefa no seu intestino. Depois, então? Eu ainda escutei você falar que nunca tinha encostado em uma bactéria... Faz-me rir! Não é à toa que sua mãe ri de você quando você fala isso!

— Acalmem-se, *Lactobacillus casei*! Eu sei que vocês estão nervosos por terem perdido a missão das suas vidas. Porém, ela é uma criança e tem muito o que aprender! — dizem dona *Salmonella* e sua amiga *Shigella* — Deixem-na com a gente... Vamos dar uma lição nela!

— Quem são vocês? — pergunto com medo da resposta.

— Eu sou *Salmonella* e esta é minha amiga *Shigella*. Nós estávamos no chão onde a galinha D'angola que fica solta na sua escola fez cocô. Nós costumávamos colonizar o trato digestório da galinha da sua escola.

— Oh! Meu Deus! A galinha está doente? Ela tem bactérias?

— Não! A galinha não está doente. E sim, todos os seres vivos como a galinha e você podem carregar bactérias no corpo. Como *Staphylococcus aureus* já explicaram, colonizar não é infectar, ou causar doença. Colonizar significa que a gente mora no trato digestório dela sem causar nada. Nem todas as galinhas são colonizadas por *Salmonella* ou *Shigella*, mas a da sua escola está. O ruim mesmo foi que você deu uma estrela no pátio da escola e nem viu que foi sobre o cocô da galinha! Nós estávamos só assistindo você e torcendo para encostar a mão nele. Só que, além de encostar a mão no cocô da galinha, você nos carregou! Você teve sorte de nós termos parado na ponta do seu mindinho ao fazer a estrela, pois nem você e nem toda criança tem a mania de chupar o mindinho... Você teria muito problema também se fossemos engolidas por você e parássemos na sua barriga... Aí, sim! Você veria o estrago que poderíamos te causar: seria diarreia e muita dor de barriga!

— Pessoal, não foi minha intenção trazê-los comigo desse jeito! Nenhuma criança vê vocês do jeito que estou vendo neste momento, e tenho que confessar que quase nenhuma das crianças nesta idade em que estou acredita que vocês existam! — digo eu, vendo um grupo de bactérias verdes cheias de braços a se aproximar.

— Ai meu Deus! Quem são vocês? O que farão comigo? O que são esses negocinhos finos e compridos grudados no seu corpo alongado? São braços?

— Garotinha, somos as *Pseudomonas aeruginosa* e isso são flagelos espalhados pelo meu corpo verde. Somos desta cor porque produzimos pigmentos verdes e azuis. Flagelos garantem nossa movimentação. Bactérias móveis podem ser muito mais rápidas que o maior campeão de atletismo que você já conheceu!

— Você está de brincadeira! Impossível!

— Menina, veja bem: existem bactérias móveis que conseguem se locomover a uma velocidade de sessenta vezes o tamanho do seu corpo por segundo. Esse feito já foi descrito em um dos livros de microbiologia mais usados no mundo! Você consegue correr sessenta vezes o seu tamanho em um segundo?

Por essa eu não esperava. Realmente, se pararmos para pensar dessa forma elas são muito rápidas. Porém, eu não quero discutir agora e argumentar que isso pode ser a máxima velocidade de 0,00017 km/h, o que é uma velocidade ridiculamente baixa... Vai que elas resolvem me atacar com aqueles flagelos...

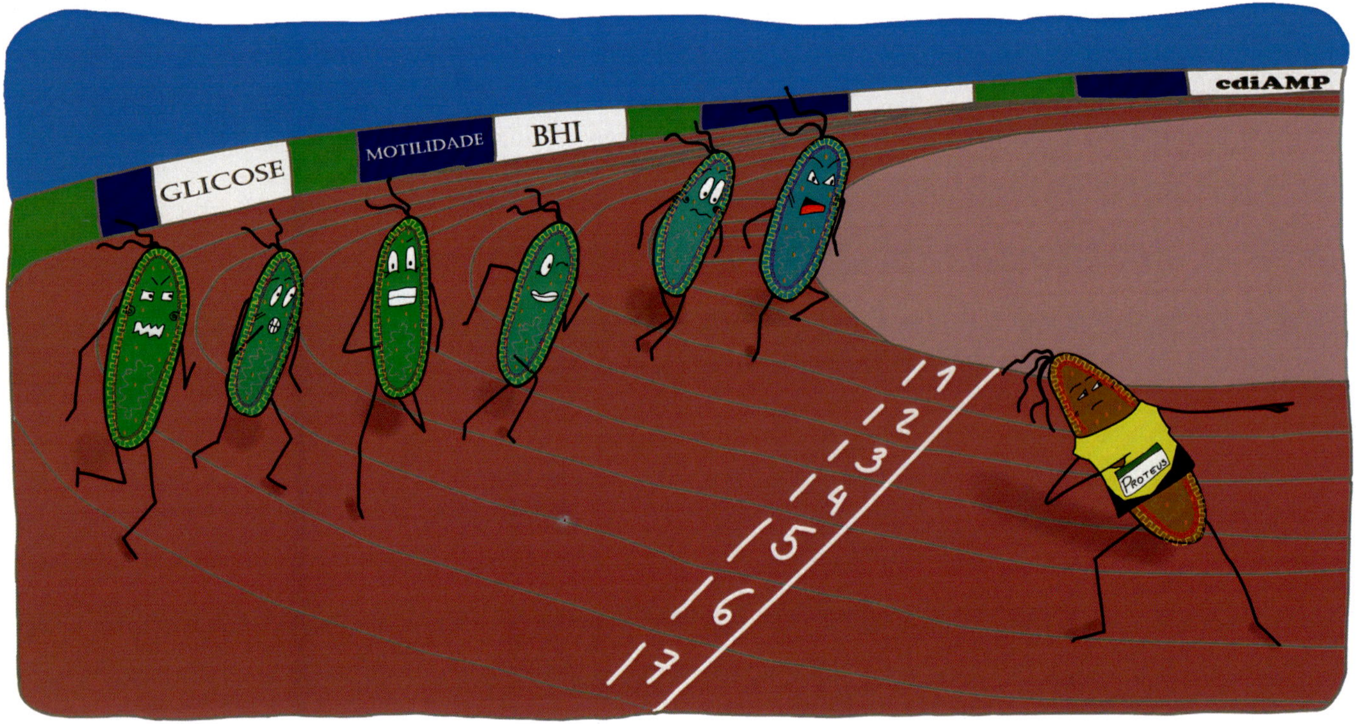

— Porém, não mude de assunto — diz *Pseudomonas aeruginosa* — Posso te alertar? Não beba a água da mangueira do jardim da escola jamais... Nós estávamos formando um biofilme no interior da mangueira! Biofilme é uma comunidade de bactérias bem juntinhas, superprotegidas por uma camada contendo, dentre outras coisas, bastante açúcar produzido por nós mesmas. Nós costumamos viver assim em locais úmidos. Às vezes, só moramos nós, mas de vez em quando, convidamos outras bactérias para formar biofilme conosco. Quando você colocou a sua boca na mangueira (escondido do monitor da escola, diga-se de passagem!), nós escorregamos e fomos para sua boca. Ah! Tem mais, menina: nós vimos várias bactérias formando biofilmes nos seus dentes.

— Estão de brincadeira? Biofilme, uma comunidade de bactérias, está no meu dente? — pergunto assustada.

— Sim. Você já ouviu sua dentista falar que se não escovar bem os dentes você ficará com tártaro grudado neles? Pois então, tártaro é só um nome menos elegante do que biofilme. É tudo a mesma coisa! Aquelas bactérias do biofilme no seu dente são a maioria *Streptococcus mutans* e estão lá há meses porque você sempre escova os dentes rapidamente e sem cuidado. Você nem passa o fio dental corretamente com frequência.

— Ecaaaaa! — gritam várias bactérias tirando sarro de mim.

— Hoje mesmo, você já ia dormir sem escovar os dentes. As bactérias do biofilme dos seus dentes estão rindo de você! Disseram que organizarão uma festa e começarão uma cárie em um dos seus dentes. Foi uma pena você ter babado e nós termos escorregado no seu travesseiro. Nós vamos perder a festa... Isso foi imperdoável! Vai ter troco, viu? Quer saber? Nós, *Pseudomonas aeruginosa*, vamos dar um jeito de entrar no seu ouvido garotinha! Vamos te causar uma infecção de ouvido "daquelas" que só a gente sabe!

— Calmaaaaa! Posso me manifestar? — diz outra bactéria alongada e quase sem cor — Eu a conheço há muitos anos, pois colonizo o seu intestino. Meu nome é *Escherichia coli*, mas pode me chamar de *E. coli*. Você nem sabe, mas se beneficia da minha presença. Eu posso produzir vitaminas B e K para você enquanto eu me alimento com aquilo que você come e vai para seu intestino. Pessoal, eu estou acompanhando esta garota aqui fora desde esta manhã, quando ela foi ao banheiro antes da escola. Eu preciso dizer... essa menina não é tão má.

— Dona *E. coli*, você está de brincadeira? Ela não lavou a mão desde a hora que ela acordou e foi ao banheiro? — pergunta indignadamente *Salmonella* — Não me segurem agora, bactérias, porque eu vou pular na boca dela! — grita novamente *Salmonella* ameaçando outro ataque e sendo contida por uma bactéria que vive no solo.

Capítulo 4

UM ALERTA PARA HIGIENE, USO CORRETO DE ANTIBIÓTICOS E A IMPORTÂNCIA DA VACINA

Cada bactéria que abre a boca para conversar comigo na cama me deixa com mais medo. Todas parecem muito ameaçadoras, até que uma me chama a atenção...

— Está certo, pessoal. A menina cometeu muitos erros hoje, mas é nosso dever também alertá-la e fazer com que ela dê valor aos ensinamentos que lhe são passados. Hoje é dia de mostrar as coisas erradas que ela fez, mas não precisam pegar pesado!

Essa bactéria me dá um sopro de alívio diante de tamanha tensão até esse momento.

— Eu sou o *Acinetobacter baumannii* e estava na pedra que você usou para jogar amarelinha. Eu tenho familiares famosos resistentes a muitos antibióticos. Eles residem em cantinhos escondidos em hospitais. Se os profissionais de saúde, pacientes e visitantes não lavam as mãos direito, ou o pessoal da limpeza não faz o serviço certo, minha família se espalha por todo o hospital. Se eles alcançam um paciente doente durante essa disseminação, eles podem causar infecções graves como a pneumonia. O problema é que *Acinetobacter baumannii* dos hospitais vão conhecendo outras bactérias do mal que têm armamentos pesados contra os antibióticos e as convencem a entregar essas armas para eles. Assim, *Acinetobacter baumannii* armados com resistência não morrem facilmente na presença dos antibióticos mais usados, e fica muito difícil o médico tratar o paciente.

Essa bactéria conta uma história muito triste sobre a resistência das bactérias aos antibióticos. Parece minha mãe falando sobre seu trabalho com meu pai.

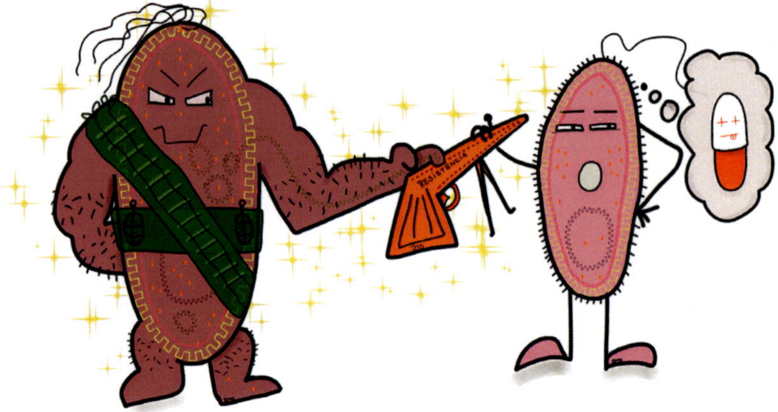

— Garota, como eu mesmo disse, não se preocupe tanto. Eu vim da natureza e não trago resistência aos antibióticos comigo. Eu trago apenas um recado dos *Streptomyces* e *Penicillium notatum* que estavam ali na redondeza quando você passou trazendo o *Staphylococcus aureus* na sua blusa... *Streptomyces* são bactérias já conhecidas por produzirem naturalmente muitos antibióticos e *Penicillium notatum* são fungos famosos devido à produção do antibiótico chamado penicilina. Esses microrganismos ficaram preocupados e estavam comentando que há humanos abusando demais da sorte. Há humanos que não têm higiene adequada e acham que, se ficarem doentes, terão antibióticos para usar. Eles me falaram que alguns humanos tomam antibióticos até se tiverem infecção por vírus, como gripe e Covid-19. Isso está errado! Antibióticos só agem em nós, bactérias! Usar antibióticos de maneira errada só traz mais preocupação e problema, pois os antibióticos matam as bactérias boas e sensíveis a eles, mas não conseguem combater aquelas bactérias armadas com resistência.

Os *Streptomyces* me contaram que o estoque de tipos de antibióticos que os humanos têm com atividade contra bactérias que causam infecção está acabando. Isso acontece porque as bactérias estão ficando cada dia mais armadas, mais resistentes aos antibióticos existentes na farmácia. Eles contaram que os demais antibióticos que existem no mundo estão muito bem escondidos com microrganismos que ainda não foram explorados pelos pesquisadores. Outros microrganismos escondem essa habilidade de produção de antibióticos dos humanos. Vocês precisarão pesquisar muito para encontrar novos antibióticos, mas não desistam! *Penicillium notatum* disse que tem *Staphylococcus aureus* por aí que não morre mais com o uso da penicilina. Por isso, *Streptomyces* e *Penicillium notatum*, ao me verem na pedra que você pegou, gritaram e me pediram para eu te alertar que a higiene e o uso correto dos antibióticos são muito importantes. Só se pode tomar antibióticos quando estiver com infecção causada por bactérias. Não se pode emprestar restos de antibióticos para outras pessoas. Aliás, restos de medicamentos ou medicamentos vencidos devem ser retornados à farmácia, e não jogados no lixo! Pessoas doentes têm que buscar ajuda com o médico para adquirir o remédio correto para sua doença. Por fim, a higiene ainda é o melhor remédio para prevenir infecções. Lave as mãos com frequência! Principalmente, antes das refeições, após usar o banheiro e ao chegar em casa!

Tudo o que *Acinetobacter baumannii* diz faz muito sentido... De repente, vejo uma coisa bem empacotada, parecia um embrulho de presente.

— E esse presentinho? Que lindo! É para mim? — pergunto curiosa.

— Sim! Essa é a *Clostridium tetani*, mas pode chamá-la de Dona Clô. Você demorou tanto sem tomar banho que ela grudou na sua blusa, ficou sem água, sem alimento... O tempo foi passando e ela esporulou, ou seja, acabou formando endósporo. Agora fica aí, se fingindo de paisagem! Parece até que está dormindo. Porém, o endósporo é como se fosse uma semente contendo o DNA da bactéria, esperando para ser plantada. Assim que o ambiente melhora e existe água e comida, o endósporo da Clô volta a crescer com o corpo de bactéria alongada. Até lá, *Clostridium* está economizando sua energia e aguardando a oportunidade de voltar a interagir com a gente. Essa transformação é privilégio de poucas bactérias! Só que, antes da Dona Clô esporular, ela deixou um recado para gente te passar, viu? Ela estava furiosa com você. Dona Clô disse que se você não tomar banho logo, só de raiva, é para a gente jogar o endósporo dela no primeiro machucado que você vier a ter.

— Deus me livre! Minha mãe já me falou dela! *Clostridium tetani* pode causar tétano, que é uma infecção em que a bactéria forma uma toxina no nosso corpo que causa muita dor. Eu até já tomei minhas vacinas contra essa doença!

— Vocês humanos e essas vacinas... Não é justo!

— Como assim? — pergunto — Lógico que é justo. O que não é justo é ver milhares de pessoas morrerem por doenças que aprendemos a evitar com as vacinas. Nossas vacinas são gotas de sabedoria que entram no nosso corpo e o ensinam a se defender. Cada vacina é específica para uma doença. Há vacinas combinadas que são preparadas para combaterem mais doenças ao mesmo tempo. Vocês acham que eu vou ficar de bobeira e não vou querer tomar vacina?

— A gente sabe que você se cuida. Mesmo assim, se você não tomar banho hoje, nós vamos fazer a vontade da Dona Clô!

— Calma, pessoal! Não vamos arriscar! Esse tétano é terrível, enrijece o músculo, dá febre, dor e pode até matar. Eu estou prestes a tomar a minha dose de reforço. Sabia que depois das doses iniciais a gente tem que tomar vacina contra o tétano a cada 10 anos?

— Não vem nos distrair com essa história de imunidade, não! Eu não tenho medo nem de antibiótico! — dizem algumas bactérias.

— Quem disse isso? Estão bobas, bactérias?

— Não! Nós estamos resistentes. Multirresistente, minha querida criança, e muito virulentas — responderam algumas bactérias alongadas, finas, elegantes, com muita meleca ao redor.

Essas bactérias se apresentam como *Klebsiella pneumoniae*. Sim, eu também já ouvi falar delas. Elas podem causar pneumonia, por exemplo.

— Posso saber o que é essa meleca ao seu redor? Veio do nariz da minha amiga? — pergunto ingenuamente.

— Não! Como ousa? Isso aqui é a minha cápsula. Ela me protege quando o seu corpo tenta me reconhecer e me prender durante a infecção.

— Como assim? Quem te prende?

— Vocês, humanos, têm células de defesa pelo corpo. Um tipo delas é chamado de macrófago. Eles são soldados "tipo durões" e fortes que vêm em nossa direção para tentar nos cercar e nos prender em um abraço. Já ouvi falar que parece até que depois que nos abraçam, eles nos comem em um processo chamado de fagocitose. Porém, cápsulas como a minha, viscosas e brilhantes, podem nos proteger desse abraço mortal. Assim, escapamos dos macrófagos, sobrevivemos e podemos continuar causando a doença.

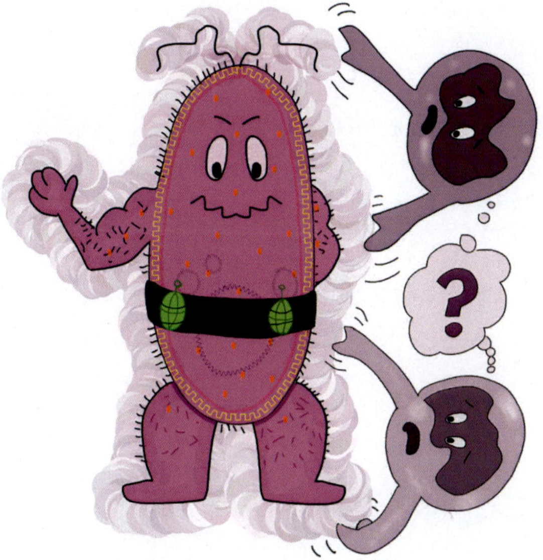

Toda essa história é de arrepiar os pelos do braço...

— Mas e os antibióticos? Para esse caso, eles servem, não é?

— Garotinha, se eu fosse da natureza ou da sua microbiota, colonizando o seu trato digestório, até que o antibiótico poderia agir em mim. Porém, eu vim do hospital, onde os primos do *Acinetobacter baumannii* moram. Eu trouxe comigo algumas armas, por isso, eu sou resistente a vários antibióticos.

— Espera um pouco. Se você veio do hospital... Quem te trouxe até a minha cama?

— Bobinha. Em um dia, um paciente foi ao banheiro e eu "dei fuga" do trato intestinal dele. Eu estava cansado de ficar só no hospital, infectando pacientes. Eu queria uma vida mais tranquila, sem ter que ficar arrumando armas de resistência aos antibióticos para sobreviver. Aproveitando uma diarreia, eu saí pelo esgoto e grudei nas patas de uma barata. Eu vivi a maior emoção da minha vida! Passeamos pelo esgoto e voamos pela cidade. Até que paramos na sua escola. Aí, você já sabe, é a velha história que nos reuniu aqui hoje: você brincou no chão, mas depois não lavou as mãos.

Rapidamente, eu me lembro que me falaram sobre um fungo chamado *Penicillium* que produz um antibiótico chamado penicilina. Na tentativa de me proteger, eu perguntei:

— Ninguém aí trouxe o *Penicilium*? — indago na esperança de me proteger com seu antibiótico.

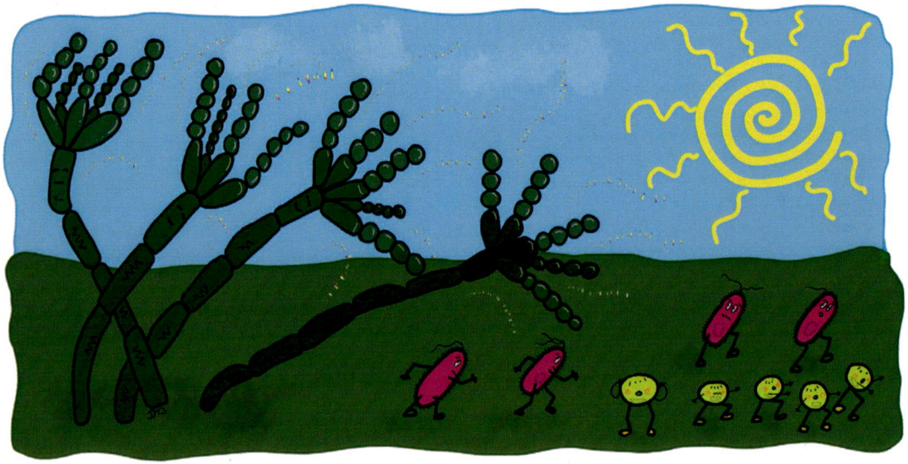

— Deus nos livre! Não! Acha que somos bobinhas? Para ele lançar penicilina por aqui e acabar com a maioria de nós? Sobrariam somente *Klebsiella pneumoniae* e *Staphylococcus aureus* por aqui. E tem mais... esses fungos "se acham". Não apenas por serem excelentes decompositores na natureza e alguns deles produzirem antibióticos, mas porque existem alguns fungos unicelulares chamados de leveduras que são muito úteis e adorados pelos homens. Depois que se descobriu a levedura *Sacharomyces cerevisiae*, parecia que essas leveduras iriam dominar o mundo! Tudo isso, só porque elas sabem fermentar açúcar e produzir álcool e gás carbônico. Assim, elas ajudam na produção da cerveja e fabricação do pão, por exemplo. Na minha opinião, elas viraram escravas dos homens. Eu prefiro minha vida livre — complementou uma bactéria redondinha.

Capítulo 5
HÁ MUITO A SE DESCOBRIR E APRENDER COM A MICROBIOLOGIA

Diante de uma bactéria redonda e rebelde, que não quer saber de ficar próximo dos humanos, lá vou eu com essa pergunta cuja resposta pode piorar o cenário do meu dia:

— Quem é você?

— Menina, senta que lá vem minha história. Até 2024, eu não era conhecido. As pessoas já tinham ouvido falar dos meus parentes, os *Enterococcus faecalis* e *Enterococcus faecium*. Porém, nunca, ninguém sabia quem eu era. Alguns anos antes do mundo me conhecer, pesquisadores do mundo todo se uniram para estudar a evolução dos meus parentes.

— Me desculpa, mas você parece minha mãe falando!

— Não só pareço, como vou falar dela se você me permitir continuar! Posso?

— Ai, ai, ai. Isso só pode ser um sonho... Continua!

— Escute só, por favor! Dr.ª Ilana Camargo, pesquisadora do Laboratório de Epidemiologia e Microbiologia Moleculares (LEMiMo), e seu grupo de pesquisa foram alguns dos colaboradores nesse estudo. Todos os colaboradores buscavam meus parentes do gênero *Enterococcus* nas mais curiosas paisagens, animais e insetos. Eles estavam em busca de entender como bactérias desse tipo haviam evoluído ao longo dos anos e onde elas poderiam estar. Foi no trato digestório de uma mariposa que havia falecido aos arredores do prédio em que está localizado o LEMiMo, no Instituto de Física de São Carlos da Universidade de São Paulo, que encontraram o primeiro *Enterococcus* da minha espécie. Depois de muitos estudos, fomos batizados de *Enterococcus lemimoniae*, em homenagem ao LEMiMo. Diz a história que outras 17 espécies desconhecidas de *Enterococcus* também foram encontradas somente durante essa pesquisa e que há muito mais para ser descoberto sobre microrganismos neste mundo.

— Espera, como você pode saber dessa história? Nossa, não é possível! Quer saber? Acho que estou enlouquecendo! Vou pegar água sanitária e jogar em vocês para acabar com esta loucura agora mesmo!

INSTITUTO DE FÍSICA DE SÃO CARLOS
USP
IFSC

— Não faça isso! Apenas se levante e tome um banho, escove os dentes e passe fio dental, está bem!? Assim, a gente escorrega com aquela água morna e vai embora ralo adentro! Ninguém sairá ferido!

— Se eu me levantar agora e tomar banho vocês vão embora mesmo? Temos um trato feito? Poxa, estou muito cansada para vocês ficarem tirando sarro da minha cara e me ameaçando o tempo todo! — digo eu, esgotada e muito aflita.

— Não queremos te machucar. Não estamos zombando de você... Porém, para o bem de todos... trato feito! Nós sumiremos da sua vida! — diz *Escherichia coli*.

— A gente até finge não te conhecer se nos encontrarmos novamente! — dizem as bactérias das espécies *Salmonella* e *Shighella*.

— Nós não contaremos para sua mãe ou para a equipe do LEMiMo — diz *Enterococcus lemimoniae*.

— Será como se este dia nunca tivesse existido... Vai lá! — diz *Pseudomonas aeruginosa*.

Escuto passos na escada próximo ao meu quarto...

— Cuidado, alguém está vindo para meu quarto! — ao desviar meus olhos perco todas as bactérias de vista — Hei?! Para onde vocês foram? Onde estão? Oh, meu Deus!

Saio correndo.

— Estela? Onde você está, minha filha?

— Indo tomar banho, mamãe!

— Ah! Que ótimo! Menina esperta! — fala minha mãe, já retornando para a cozinha e orgulhosa pela educação que sempre me deu — Você até pode brincar e rolar no chão feito um tatu, mas, depois, lave as mãos antes de comer, escove os dentes, passe fio dental e tome banho para ficar cheirosa e limpinha! Por que, você já sabe, não é mesmo?

— Sim, mãe, não precisa repetir. Existem microrganismos por todos os lugares. Nunca sabemos quais são do bem ou quais são do mal e nunca escolhemos em qual encostaremos!

Rapidamente, eu vou ao banheiro. Passo fio dental e escovo os dentes. Começo o meu banho com muito cuidado. Lavo cada canto do meu corpo com água, sabão e muita atenção. Me seco com a toalha. Escovo e seco meu cabelo. Coloco meu pijama. Volto ao quarto ao cumprir minha parte do acordo...

— Bactérias, vejam! Bactérias? Vocês já se foram? Boa noite! — eu digo sem resposta.

Que felicidade! Tudo voltou ao normal! Silêncio é tudo o que eu escuto quando eu acho que estou sozinha.

Scaneie este QR Code e veja algumas curiosidades da microbiologia e atividades que podem ser feitas com as crianças. Depois, se quiser me mandar um recadinho contando o que achou desta história, me mande um e-mail para ilanacamargo@gmail.com que eu vou adorar saber, e te responderei! Basta escrever "Sobre O Dia" no assunto do e-mail!

Escaneie o QR code e saiba mais curiosidades e atividades sobre microbiologia no nosso site!

SOBRE A AUTORA

Dr.ª Ilana Camargo é farmacêutica-bioquímica, professora de microbiologia na Universidade de São Paulo e mãe de dois meninos. Quando seu filho mais velho completou 6 meses, Ilana procurou uma creche para ele e, durante a visita, ela viu uma criança lambendo brinquedos e o corrimão de uma escola. Ela achava que seus filhos não fariam aquilo... Pensamento de mãe de primeira viagem, não é mesmo? Anos mais tarde, seus filhos apresentaram as desconfianças naturais de crianças quanto ao que existe, mas não enxergaram com seus próprios olhos, como as bactérias. Sua paixão pela microbiologia e sua família é que a inspiram a escrever sobre o mundo dos microrganismos para as crianças. Este já é seu terceiro livro infantil e muitas crianças já escutaram suas histórias sobre bactérias em rodas de conversas que ela mesma conduz em escolas.